Praveen Saraswat
Chandan Kumar
Sandeep Kumar Bhaskar

Mapeamento do fluxo de valores: Uma abordagem prática

Praveen Saraswat
Chandan Kumar
Sandeep Kumar Bhaskar

Mapeamento do fluxo de valores: Uma abordagem prática

ScienciaScripts

Imprint

Any brand names and product names mentioned in this book are subject to trademark, brand or patent protection and are trademarks or registered trademarks of their respective holders. The use of brand names, product names, common names, trade names, product descriptions etc. even without a particular marking in this work is in no way to be construed to mean that such names may be regarded as unrestricted in respect of trademark and brand protection legislation and could thus be used by anyone.

Cover image: www.ingimage.com

This book is a translation from the original published under ISBN 978-620-5-63199-7.

Publisher:
Sciencia Scripts
is a trademark of
Dodo Books Indian Ocean Ltd. and OmniScriptum S.R.L publishing group

120 High Road, East Finchley, London, N2 9ED, United Kingdom
Str. Armeneasca 28/1, office 1, Chisinau MD-2012, Republic of Moldova, Europe
Printed at: see last page
ISBN: 978-620-5-68739-0

Tabela de Conteúdos

ABSTRACT

Hoje em dia o ambiente empresarial é altamente competitivo, pelo que são necessárias muitas melhorias para cumprir os níveis de serviço ao cliente. Nesta era de mudanças tecnológicas, a organização tem estado centrada na satisfação do cliente e na procura de algumas mudanças para melhorar o seu ambiente de trabalho.

O objectivo desta tese de mestrado era reduzir o Trabalho em Processo (WIP) e o Tempo de Produção na Indústria Techno Engg (TEI) em Jaipur, concentrando-se tanto nos processos como nos seus tempos de ciclo para um produto UC- 208 INNER que é utilizado em canalizador de bloco. A partir da revisão bibliográfica, verificou-se que o método de mapeamento mais apropriado para este trabalho foi o Value Stream Mapping (VSM). Para o desenho do mapa do fluxo de valores, foram recolhidos dados apropriados. O mapa de estado actual foi desenhado através da definição dos recursos e actividades necessárias para fabricar, entregar o produto. O estudo do mapa de estado actual mostra as áreas a melhorar e identifica os diferentes tipos de resíduos. A partir do mapa de estado actual, notou-se que o recozimento e o processamento de maquinagem CNC têm um tempo de ciclo e de trabalho em processo mais elevados.

Os princípios e técnicas lean implementados ou sugeridos e o mapa do estado futuro foram criados e o tempo total de execução foi reduzido de 7,3 dias para 4 dias. O WIP em cada posto de trabalho também foi reduzido. O lead time de produção foi reduzido de 409 segundos para 344 segundos.

Palavras-chave - Princípios Lean, Mapeamento do Fluxo de Valor, Resíduos, Trabalho em Processo, Lead Time de Produção

Capítulo 1

INTRODUÇÃO

As indústrias perturbam mais capital e recursos para melhorar a sua produtividade. É necessário optimizar o seu capital, tempo e ambiente de trabalho. As indústrias precisavam de ferramentas de melhoria para optimizar os seus processos de modo a atingir resultados mais capazes. Muitas técnicas e ferramentas de melhoria foram desenvolvidas e adaptadas para trabalhar nos diferentes tipos de negócios.

Agora as indústrias do dia concentraram-se em mais produção com maior eficiência em menos tempo de chumbo. As empresas concentraram-se principalmente na satisfação do cliente. Num ambiente cada vez mais competitivo, muitas empresas fabricantes procuram um cartão vencedor sobre a sua concorrência. Os fabricantes têm de compreender que o sistema de produção convencional tem de se ligar com as ferramentas e técnicas lean. O sistema de produção Lean foi desenvolvido pela Toyota, Japão.

O Lean Manufacturing pode ser definido como:[1]

"Uma abordagem sistemática para identificar e eliminar desperdícios (actividades sem valor acrescentado) através de uma melhoria contínua através do fluxo do produto ao puxar do cliente em busca da perfeição".

As técnicas Lean foram utilizadas pelos japoneses, o que significa um esforço humano e de máquina eficiente, capital suficiente, gestão do espaço no solo, disponibilidade de materiais e tempo durante as operações.

Os seguintes aspectos eram evidentes no sistema de Produção Toyota: [1]

Valor - É o trabalho efectivamente realizado. É o trabalho real na organização devido ao qual os clientes pagam pelo produto

Cadeia de Valor - É o processo de ligar todas as etapas do processo, identificando quais as etapas que acrescentam valor enquanto esforço para eliminar os resíduos.

Pull- Está relacionado com a exigência do cliente. Mostra que a produção só começa quando o cliente quer.

Fluxo - O fluxo de material tem de ser suavizado através da remoção das principais fontes de resíduos, isto é, inventário e espera.

Kaizen/Melhoria Contínua - É necessário para a eliminação total de desperdícios através da melhoria contínua dentro do processo de produção.

1.1 Objectivo do Lean Manufacturing

O sistema Lean Manufacturing tem muitas técnicas de melhoria que se concentram na redução contínua de resíduos na indústria. As outras vantagens são o custo mínimo de produção, a produção máxima e prazos de entrega mais curtos. Alguns dos objectivos são:

I. **Reduzir Defeitos e Desperdícios** - É necessário reduzir defeitos e desperdícios que incluem a utilização excessiva de matéria-prima, custos associados a artigos defeituosos, e etapas de processamento desnecessárias.

II. **Redução do tempo de ciclo** - Redução dos tempos de ciclo e dos tempos de ciclo de produção através da redução dos tempos de espera entre as fases de processamento, o que resulta num aumento da produção.

III. **Reduzir os níveis de inventário** - Para minimizar o inventário em todas as fases de produção, especialmente trabalhos em curso entre as fases de processamento. Um nível de inventário mais baixo na indústria significa menos necessidade de capital.

IV. **Melhorar a Produtividade Laboral** - A produtividade laboral tem grande influência na taxa de produção. Assim, a produtividade do trabalho deve ser melhorada reduzindo o tempo ocioso dos trabalhadores e observando-os enquanto trabalham.

V. **Utilização de Equipamento e Espaço** - A utilização adequada do equipamento e do espaço no solo deve estar presente através da eliminação de estrangulamentos. A taxa de produção pode ser maximizada através da minimização do tempo de paragem da máquina.

VI.   **Flexibilidade** - Produzir uma gama mais flexível de produtos na indústria com custos e tempo de transição mínimos.

VII.   **Produção** - Se todos os objectivos acima mencionados forem alcançados, então a indústria aumentou significativamente a produção das suas instalações existentes.

1.2 Resíduos no fabrico

Qualquer actividade sem valor acrescentado é considerada um desperdício. Tais actividades aumentam o custo global do produto. Os resíduos ocorrem em todas as actividades de fabrico. Geralmente, existem os seguintes tipos de actividades sem valor acrescentado.

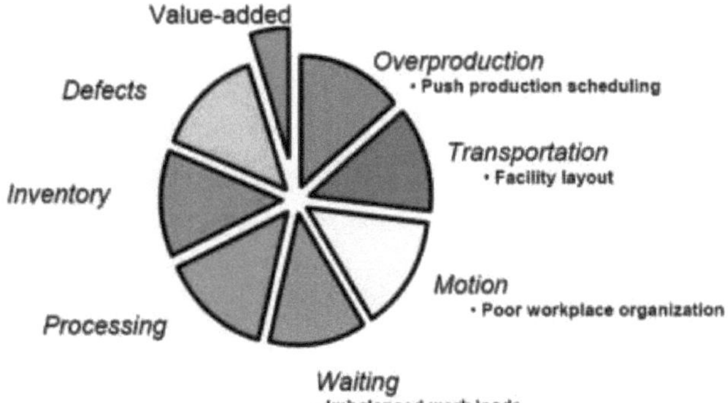

Fig. 1.1 Tipo de resíduos no fabrico [2]

1.2.1 Sobreprodução

O fabrico e armazenamento de produtos em antecipação das encomendas e a sua manutenção em stock é um claro desperdício. Na ausência de previsões claras de venda, os produtos são produzidos em excesso para utilizar os recursos da empresa e são mantidos em stock. A sobreprodução também aumenta a reprodução, o inventário, assim como o movimento e o transporte desnecessários no chão de fábrica.

1.2.2 Inventário

O inventário são os artigos acabados e inacabados na linha de produção. Estes bens também aumentam o custo do produto. Precisam de espaço de armazém valioso e podem tornar-se obsoletos. Cada organização assegura que o inventário deve ser controlado na sua produção, para que o dinheiro não seja desperdiçado.

1.2.3 Defeitos

A produção de produtos defeituosos ou danificados que requerem rectificação, sucata, reprodução e inspecção, o que significa perda de tempo e recursos adicionais. A eliminação de retrabalho é uma solução ideal que aumentará grandemente a rentabilidade da organização.

1.2.4 Tempo de espera

Na linha de produção, a próxima etapa de processamento depende do processo anterior. Se houver atraso na etapa de processamento, então o trabalho em processo aumenta e a taxa de produção pode sofrer.

1.2.5 Transporte desnecessário

Na maioria das indústrias, as matérias-primas, ferramentas, calibres e outras instalações são mantidas em locais diferentes que estão longe uns dos outros. Devido a isto, os empregados continuam a deslocar-se de um local para outro para as obter. Assim, ao mesmo tempo que se fazem layouts de loja, deve-se ter o máximo cuidado para evitar esse movimento desnecessário de materiais.

1.2.6 Moção desnecessária

Nas fábricas, onde as instalações não estão organizadas de forma adequada, os empregados têm de cobrir quando o empregado anda pelo seu espaço de trabalho e não funciona correctamente, então há um desperdício de movimento. Isto deve-se ao mau padrão de trabalho, desenho do processo e disposição da área de trabalho.

1.2.7 Sobreprocessamento

O sobreprocessamento acrescenta algumas etapas de processamento extra na linha de produção. Isto pode dever-se a um planeamento de produção deficiente e à utilização de equipamentos insuficientes. O sobreprocessamento pode ser reduzido através de uma verificação adequada das necessidades do cliente.

1.3 Elementos do Lean Manufacturing

1.3.1 Continua a melhorar

A produção enxuta é introduzida numa organização através da estabilização da operação, padronização do trabalho, sistema de puxar e produção nivelada. A melhoria contínua tem de ser seguida. Os japoneses melhoram o seu trabalho regularmente. Chamaram-lhe melhoria contínua. A melhor forma de alcançar a melhoria contínua é através da formação de grupos que assumem actividades de melhoria em pequenos grupos. Os grupos devem ser encorajados a trabalhar nas áreas em que existem problemas, identificar os problemas e, consequentemente, tomar medidas correctivas. Há muitas áreas que requerem uma melhoria contínua, como a minimização de defeitos, gestão do chão de fábrica, qualidade dos produtos, etc. As melhorias podem ser classificadas em duas categorias, uma é inovação e a outra é kaizen. As inovações resultam em mudanças drásticas no sistema. Estas ocorrem devido aos avanços no campo tecnológico. Kaizen significa pequenas melhorias e associadas aos trabalhadores.

1.3.2 Sistema de fabrico

Os sistemas de fabrico são classificados em dois sistemas de acordo com a produção:

I. Sistema Push - Neste sistema, as empresas fabricam produtos que se baseiam em estudos de mercado. Os produtos não dependem da procura do cliente. Assim, na linha de produção, o produto é empurrado para o cliente.

II. Sistema Pull - Neste sistema, a produção depende principalmente da procura do cliente e da informação da quantidade e tipo de fluxo do produto na direcção oposta à do fluxo do produto. Assim, o produto é puxado para o cliente na linha de produção.

O fluxo de uma peça é uma das técnicas importantes na implementação do lean manufacturing. A produção tradicional por lotes na produção em massa é substituída pelo fluxo de uma peça na produção enxuta. Aqui, o tamanho do lote é reduzido para quase um. Isto reduz o tempo total de espera entre operações ou filas de espera. Os números seguintes mostram a eficácia do fluxo de uma peça sobre a produção em série

1.3.3 Equilíbrio de linhas

É também uma ferramenta de melhoramento em que os trabalhos são transferidos para estações de trabalho individuais, de modo a que todas as operações tenham aproximadamente a mesma exigência de tempo. A linha de produção deve ser equilibrada de modo a que haja períodos de espera mínimos entre as operações. Além disso, não há acumulação de WIP. A linha é equilibrada com os seguintes objectivos:

* Reduzir o tempo de takt e minimizar o WIP
* Equilibrar a carga de trabalho entre máquinas
* Empregar mão-de-obra óptima
* Optimizar o processo
* Eliminar o tempo de espera
* Retirar o tempo de inactividade

1.3.4 OS 5S's

Os japoneses mantêm o local de trabalho limpo e arrumado, utilizando a ferramenta de melhoramento 5S. Os princípios dos 5S não são apenas para o chão de fábrica, mas também para toda a organização. Os 5S são: [2]

I. Sort (Seiri) - Perform -Sort é o procedimento pelo qual se identifica o que está a acrescentar e não a acrescentar valor ao cliente, tanto a nível interno como externo. Isto pode ser facilmente alcançado se cada funcionário da organização tiver formação para identificar os itens que não acrescentam valor.

II. Definir em Ordem (Seiton) - Descobrir a melhor localização para os itens restantes, relocalizá-los, definir os seus limites, e instalar indicadores e etiquetas de localização provisórias.

III. Brilho (Seiso) - Significa limpar tudo dentro e fora da organização.

IV. Normalizar (Seiketsu) - Desenvolver o padrão para manter e controlar os outros princípios dos 5S e utilizar controlos visuais sobre o mesmo.

V. Sustain (Shitsuke) - A organização deve assegurar a implementação das normas

5S através da comunicação entre os trabalhadores, formação, e auto-disciplina.

1.3.5   Mapeamento do fluxo de valores:

O mapa do fluxo de valores são as técnicas que trazem todas as etapas de processamento a um só lugar. Mostra a grande imagem do chão de fábrica em vez de processos individuais e de melhoria de cada área na linha de produção. É utilizado para chamar a atenção para diferentes desperdícios e eliminá-los no futuro mapa de estado.

É necessário que cada processo produza o mais próximo possível apenas o que os seus clientes precisam quando precisam. Os processos existentes têm alguns tipos de resíduos numa linha de produção, que são o resultado da concepção do produto e da maquinaria.

1.3.6   Just In Time (JIT)

As organizações utilizam a ferramenta just in time para produzir e entregar o produto final quando o cliente quer comprar. Os subconjuntos devem ser montados em produtos acabados nesse momento. Os princípios do JIT são:

- Não produzir a menos que o cliente tenha encomendado
- Ligar todos os processos à procura do cliente através de uma ferramenta visual simples
- Maximizar a flexibilidade dos homens e das máquinas
- Melhorar a qualidade e eliminar os defeitos
- Reduzir o inventário de matéria-prima e produtos acabados

Just in time é um sistema de fabrico por tracção onde a produção começa apenas a pedido. Quando a produção responde à procura, não há inventário, o que significa uma boa eficiência sem desperdícios. O JIT aproxima-se dos inventários zero, organizando a produção para uma eficiência óptima.

O sistema JIT pode ser aplicado através do seguinte:

- Melhorar a disposição das instalações
- Reduzir o tempo de preparação
- Esforço para zero defeitos
- Desenvolver uma força de trabalho flexível

1.3.7 Célula de trabalho

Uma célula de trabalho é um grupo lógico e produtivo de maquinaria, ferramentas e pessoal totalmente treinado que produz produtos semelhantes. Cada célula tem um líder que gere o fluxo de trabalho e é responsável pelo sucesso da célula de trabalho. O sucesso provém da combinação e intercâmbio de competências entre pequenos grupos de pessoas. O objectivo da célula é a eliminação do desperdício por:

- Mínimo movimento de pessoas e material
- Reduzir o tempo de preparação
- Eliminar o tempo de paragem
- Utilização eficaz do espaço
- Facilitar a comunicação e interacção entre, entre trabalhadores e supervisores.
- Promoção da qualidade dos produtos e serviços
- Proporcionar um controlo visual das operações ou actividades

Passos para formar uma célula de trabalho

Uma célula é formada ou por um único produto dedicado ou por um grupo n de produtos semelhantes. Os passos são os seguintes:

- Seleccionar famílias de peças e agrupar as peças em famílias:

  A selecção preliminar das peças é efectuada com base nos seguintes elementos

  > Artigos idênticos ou com processo de fabrico semelhante

  ➢ Os artigos que têm tipo de matéria-prima semelhante

  ➢ As que têm uma sequência de operações idêntica ou muito semelhante

- Determinar o processo: uma vez seleccionada a família, eliminar os resíduos por VSM. E fazer um processo revisto.
- Decidir sobre a maquinaria e o equipamento: a máquina e a ferramenta devem ser seleccionadas de acordo com os requisitos do processo. A capacidade da máquina deve adaptar de alguma forma as mudanças do processo.
- Escolha ferramentas, gabaritos e acessórios

- Conceber a disposição do equipamento mais adequado: os seguintes objectivos tidos em conta na concepção de uma planta
  - ➢ Minimizar a distância a pé do operador
  - ➢ Reduzir a distância de viagem para peças
  - ➢ Colocar todos os operadores a perder uns para os outros
  - ➢ Ter espaço suficiente para a manutenção da máquina
  - ➢ Indicar claramente todas as instalações comuns marcadas manter os mais elevados padrões de segurança e primeiros socorros
  - ➢ O local de trabalho deve prever que o local de reunião seja ergonomicamente concebido

1.3.8 Manutenção Produtiva Total

A Manutenção Produtiva Total (TPM) é um conceito Lean baseado em três ideias simples. A primeira é que os horários de manutenção preventiva devem ser desenvolvidos e cumpridos. Esta ideia simples é rotineiramente ignorada e abusada pelos melhores das organizações. Estabelecer um calendário de manutenção preventiva e colocá-lo num livro é a parte fácil. É muito mais difícil gerir um sistema para assegurar que as tarefas estão a ser executadas no prazo ditado pelo cronograma. Mesmo quando é impossível cumprir um prazo de manutenção preventiva, os planos de contingência e as datas de desistência devem manter o sistema a funcionar sem problemas.

A segunda ideia é que existe um extenso historial de manutenção numa base de dados, e as falhas de equipamento podem ser previstas dentro de prazos razoáveis. A base de dados pode ser um livro de registo de manutenção manual ou um sistema de software sofisticado. Qualquer um deles funcionará, embora os sistemas mais recentes tornem as tarefas muito mais simples. A manutenção preditiva permitirá à empresa identificar os intervalos de falhas e os prazos de manutenção necessários. Esperar para substituir uma lâmpada quando esta falha é aceitável; esperar para manter, reparar, ou substituir um elemento crítico de uma operação é outra questão. Isto é especialmente relevante se a reparação ou substituição pudesse ter sido facilmente programada quando o equipamento não estava em funcionamento, tal como um fim-de-semana ou um turno nocturno. A procrastinação e a contenção de custos são normalmente os culpados. Evitar custos nesta situação é uma abordagem muito míope quando milhares ou mesmo milhões de dólares podem ser facilmente perdidos numa questão de minutos de inactividade causados por uma falha crítica.

Por último e mais importante, tarefas de manutenção mais simples podem ser delegadas àqueles que conhecem o equipamento da melhor forma. A temperatura normal, som, vibração, cheiro, sensação e aspecto de uma máquina são claramente conhecidos pelos seus operadores. Por sua vez, quando a máquina não está a funcionar normalmente, os operadores detectam-na facilmente. Em vez de deixar uma máquina implorar por assistência, os operadores podem lubrificar o equipamento e executar outras funções básicas ou de manutenção de rotina, quer a tempo, quer quando são observadas vibrações, temperaturas excessivas ou outras anomalias. É certo que nem todas as funções de manutenção devem ser atribuídas aos operadores, mas em alguns ambientes os operadores são responsáveis e têm a propriedade de toda a manutenção do equipamento que operam.

1.4 Visão geral da empresa:

A Techno Engg Industries (TEI), localizada em Jaipur, Rajasthan (Índia) foi fundada no ano 1990 para fabricar Componentes Torneados. Em 1994, a empresa iniciou a sua Unidade de Forja a Quente. Desde então, a empresa percorreu um longo caminho. A empresa fabricava componentes forjados e torneados de precisão para várias indústrias.

A TEI acredita que a qualidade deve estar em todos os trabalhadores no chão de fábrica ou em qualquer outro lugar. A empresa tem internamente todo o tipo de laboratório de testes e para manter os seus funcionários com a mais recente tecnologia, a TEI tem uma grande formação interna a diferentes níveis. A TEI orgulha-se da sua força de trabalho concentrada.

Os produtos TEI podem ser amplamente classificados nas seguintes categorias:

Componentes maiores e mais complexos, que não podem ser forjados a frio, são cobertos por forja quente e quente. Utiliza apenas electricidade para forjar a quente, que é mais limpa e amiga do ambiente. A TEI pode fornecer componentes forjados a quente até 10

Kg.

A TEI dispõe de uma moderna e totalmente equipada instalação de maquinagem, que inclui uma gama completa de CNC, e todas as outras máquinas convencionais, tais como as máquinas de tornear automáticas, as rebarbadoras center less e cilíndricas, a fresagem, a perfuração e a roscagem.

Todos os tipos de peças torneadas e maquinadas, de 3mm a 200 mm de diâmetro, são feitas aqui. Todos os tipos de materiais, Aço, C.I., Cobre, Latão, Alumínio; Aço Inoxidável, etc. são utilizados para fabricar estes componentes.

TEI fornece componente completo, pronto a caber directamente na sua linha de montagem. Desde a matéria-prima até à forja a frio/quente, tratamento térmico, maquinagem, moagem, soldadura, etc., tudo feito sob o mesmo tecto. Isto ajudará no custo do produto, qualidade e lead time de produção.

1.5   Identificação do problema:

O problema de investigação formulado na tese tem origem no problema prático que a empresa enfrentou e que são mais tempo de produção e de trabalho em processo. A expedição de produtos acabados foi geralmente atrasada de 10 a 15 dias. Existe um problema típico principalmente no controlo do inventário que provoca o alongamento do Lead Time de Produção. Assim, a diminuição do lead time de produção é importante para a empresa.

A redução do lead time de produção aumenta a taxa de produção, pelo que serão necessárias ferramentas e técnicas de melhoria adequadas na TEI para a satisfação do cliente, as quais podem ser facilmente implementadas na TEI. Embora os princípios de lean manufacturing tenham sido implementados em muitas empresas com um sistema de produção distinto e existam benefícios relatados para a implementação do lean, ainda existem complexidades para a transição lean em indústrias com elevados pontos discretos e fluxo de produção de job shop.

1.6   Esboço do Trabalho de Tese:

O objectivo deste trabalho de tese é a redução do Lead Time de Produção e do Work in

Process.

Os sub objectivos desta investigação são:

I. Modelar as actividades actuais do produto no chão de fábrica utilizando a abordagem do Value Stream Mapping (VSM).

II. O mapa do estado actual deve ser criado a fim de realizar as condições reais de trabalho.

III. Identificar actividades sem valor acrescentado através do mapa de estado actual e descobrir as áreas em que é necessário melhorar.

IV. Depois será criado um futuro mapa de estado utilizando conceitos lean para obter os resultados.

Capítulo 2

REVISÃO BIBLIOGRÁFICA

Este estudo bibliográfico dá uma visão geral e a importância do lean manufacturing numa indústria. Discutiu a definição, conceitos, princípios e ferramentas utilizadas no sistema "lean". A explicação desta revisão bibliográfica provém de muitas fontes, tais como revistas, acesso à Internet e livros.

Definição de Lean Manufacturing

Womack et.al. [3] Lean Manufacturing baseia-se no Sistema de Produção Toyota desenvolvido pela Toyota que se concentra na eliminação de desperdícios, redução de inventários, melhoria do rendimento, e encorajamento dos empregados a chamar a atenção para os problemas e sugerir melhorias para os resolver.

De acordo com D.P. Hobbs [4], a produção enxuta tem sido cada vez mais aplicada pelas principais empresas de produção em todo o mundo. Um conceito central de fabrico enxuto é a produção por tracção, em que o fluxo no chão de fábrica é impulsionado pela procura da produção por tracção a jusante a montante. Algumas das mudanças requeridas pelo lean manufacturing podem ser perturbadoras se não forem implementadas correctamente e alguns aspectos do mesmo não são apropriados para todas as empresas.

A.K. Sahoo et al. [5] Lean manufacturing whish derivado do Toyota Production System é uma filosofia para estruturar, operar, controlar, gerir, e melhorar continuamente os sistemas de produção industrial. Algumas das ferramentas padrão lean, como o VSM, o alisamento da produção (heijunka), a melhoria contínua (kaizen), 5S, a troca de moldes de um minuto, a gestão da qualidade total, just-in-time, etc., foram concebidas pela TPS. O objectivo da produção enxuta é minimizar o desperdício em termos de actividades sem valor acrescentado, tais como tempo de espera, tempo de movimento, tempo de preparação, e inventário WIP.

De acordo com Farhana F. e Amir A. [6] A produção enxuta reduz todas as formas de actividades sem valor acrescentado nas organizações e melhora o seu desempenho. Da análise dos dados recolhidos, parece que as empresas que adoptam a produção enxuta como filosofia de trabalho dentro das suas organizações podem fazer melhorias significativas em termos do seu desempenho operacional, mesmo que seja num formato modificado que melhor se adapte à sua cultura empresarial específica.

É óbvio que existem fortes benefícios a serem obtidos com a implementação de uma cultura de fabrico enxuto.

D. Rajenthirakumar e S.G. Harikarthik [7] O VSM como o processo de mapear visualmente o fluxo de informação e material. Ajuda a visualizar os tempos de ciclo da estação, inventário em cada fase, mão-de-obra e fluxo de informação através da cadeia de abastecimento. Um mapa do fluxo de valores fornece um plano para a implementação de conceitos de fabrico enxuto, ilustrando como o fluxo de informação e materiais deve funcionar. Propuseram uma metodologia para a implementação da metodologia-Lean, tal como se indica a seguir.

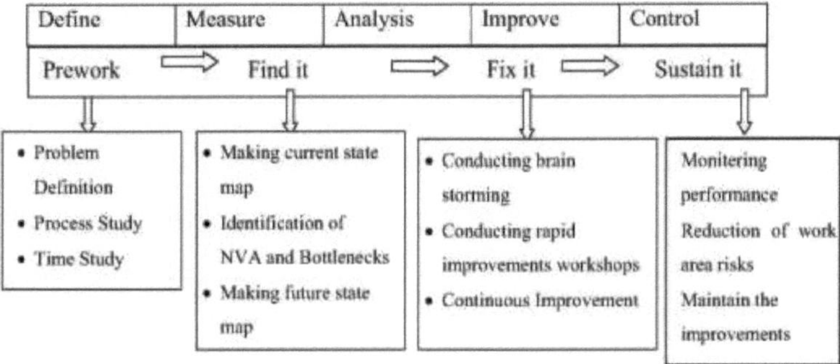

Fig 2.1 Metodologia para a aplicação da metodologia-Lean [7]

Womack e Jones [8] Um fluxo de valor é um sortido de todas as acções (valor acrescentado e não-valor acrescentado) que são necessárias para trazer um produto através dos fluxos essenciais, começando com a matéria-prima e terminando com o cliente. Estas acções consideram o fluxo tanto de informação como de materiais dentro da cadeia de fornecimento global.

Chandandeep Grewal [9] VSM pode servir como um bom ponto de partida para qualquer empresa que queira ser magra e descrever o fluxo de valor como uma colecção de todas as actividades de valor acrescentado e não-valor acrescentado que são necessárias para trazer um produto ou um grupo de produtos utilizando os mesmos recursos através dos fluxos principais, desde a matéria-prima até às mãos dos clientes.

Taiichi Ohno [10] não conseguia ver o desperdício num relance (especialmente através de uma área geográfica). Desenvolveu o Mapeamento do Fluxo de Material e Informação (VSM) como método padrão para mapear visualmente os fluxos e tornou-se a base padrão para a concepção de melhorias na Toyota - como linguagem comum. Tornou-se uma das suas ferramentas de planeamento empresarial. O VSM é agora utilizado em todo o mundo, em muitas empresas para planear estrategicamente e é o ponto de partida para qualquer transformação e implementação de lean.

Rother and Shook [11] discutiram que o Value Stream Mapping (VSM) é utilizado para definir e analisar o estado actual para um fluxo de valor do produto e conceber um estado futuro centrado na redução do desperdício, na melhoria do lead time, e na melhoria do fluxo de trabalho. Uma das características únicas do VSM em comparação com outras técnicas de análise do processo é que um mapa representa tanto o fluxo de material como o fluxo de informação que controla o fluxo de material. O foco do VSM está num "fluxo de valor" do produto (todas as acções necessárias para transformar as matérias-primas num produto acabado) para uma dada "família de produtos" - produtos que seguem as mesmas etapas de produção global.

Halpan e Kueckmann [12] explicam o mapeamento do fluxo de valores na fabricação de aeronaves. Desenharam mapas de estado actual e futuro com o objectivo de reduzir o tempo de execução de acordo com os requisitos do cliente. A implementação do futuro mapa de estado atingiu a redução do lead time.

R. M. Chitturi et. al [13] deram poucas vantagens do mapeamento do fluxo de valor
- Ajuda a ver as fontes de resíduos no fluxo de valor
- Fornece uma linguagem comum para falar sobre o processo de fabrico

- Torna a decisão sobre o fluxo aparente
- Liga conceitos e técnicas enxutos, o que ajuda a evitar a apanha da cereja
- Forma a base de um plano de implementação, concebendo todo o fluxo porta-a-porta

Bo e Mingyao [14] utilizam a ferramenta de mapeamento do fluxo de valor numa empresa chinesa para reduzir custos, aumentar a eficiência e melhorar a qualidade do produto. Sugeriram um plano kaizen combinado para implementar a produção optimizada e gerir cada plano de oportunidade como um projecto. Reduziram o tempo de ciclo de 1hr & 46 minutos para 21,9 minutos e o Lead time 67 dias para 16 dias.

Rajenthirakumar e Thyla [15] mostram como o mapeamento do fluxo de valores e outras ferramentas magras como o kaizen podem ser utilizadas para mapear o estado actual de uma linha de produção e desenhar um mapa futuro desejado. Reduziram a mudança ao longo do tempo em 10 min e aumentam a produtividade em 25 %.

K. P. Paranitharan et.al [16] fornecem uma plataforma útil para a investigação na implementação de ferramentas lean em qualquer unidade de fabrico. Os seus resultados mostram uma melhoria significativa na produtividade, redução do lead time e redução do inventário. Estes podem ser alcançados através da criação de fluxo por modificação de layout e equilíbrio no tempo TAKT.

R.M. Belokar et. al [17] relataram um estudo de caso de aplicação do VSM numa indústria automóvel onde alcançaram quase 67% de melhoria no tempo de ciclo através da melhoria das actividades de valor acrescentado...

Um estudo de caso é descrito por D. Rajenthira Kumar et. al [18] onde as ferramentas e técnicas lean são adaptadas para a empresa de fabrico de bens de consumo duradouros. O trabalho está centrado numa família específica de produtos, moinhos de mesa molhados. O mapeamento do fluxo de valor foi a principal ferramenta utilizada para identificar as oportunidades para várias técnicas lean. Também são descritos em pormenor os cenários "antes" e "depois", a fim de ilustrar os potenciais benefícios, tais como a redução do tempo de execução e a taxa de improviso da metodologia-lean. O tempo de TAKT é reduzido em 26%, o tempo de ciclo é reduzido em 8%.

M. Goriwondo et. al [19] detalham a utilização da ferramenta VSM na redução do desperdício no fabrico de pão para uma empresa no Zimbabué. O estudo de caso mostra como a ferramenta VSM foi utilizada para identificar e reduzir defeitos em 20%, inventário desnecessário em 18% e movimento em 37%. Isto foi conseguido através do desenvolvimento do Mapa do Estado do Futuro que tem um aumento de produção de 16%.

Rumbidzayi Muvunzi et. al [20] utilizaram o processo de mapeamento do fluxo de valor para reduzir o desperdício numa instalação de fabrico localizada na região económica da África Austral. Os métodos de recolha de dados e a forma como as amostras deviam ser seleccionadas foram concebidos e seleccionados. A família de produtos seleccionada para o trabalho de investigação foi a produção de telhas de micro-concreto (MCR).

Foram propostas possíveis melhorias e foi criado um Mapa de Estado Futuro (FSM), que tem processos mais eficientes e uma utilização óptima do espaço e da mão-de-obra, utilizando Microsoft Visio Software. Foram rectificados processos e práticas desperdiçadores que incluíam resíduos sob a forma de tempo de espera, processamento, defeitos surgidos durante, moldagem, transporte, empilhamento e cura das telhas e consumo excessivo de matérias-primas. A produtividade aumentou de 20 220 azulejos por mês para 28 350 azulejos por mês. Houve redução dos defeitos de 245 azulejos defeituosos por dia para 10 defeitos, poupando assim a empresa até $4419,9 por mês.

Renu Yadav et. al [21] descreve a implementação da técnica de mapeamento do fluxo de valor no fabrico de molas helicoidais por uma empresa de fabrico de molas ferroviárias. Centra-se na família de produtos, nas melhorias do mapa do estado actual e no mapa do estado futuro. O objectivo é identificar resíduos sob a forma de actividades e processos sem valor acrescentado e depois removê-los para melhorar o desempenho da empresa. O mapa de estado actual foi preparado para descrever a posição existente e várias áreas problemáticas. O futuro mapa de estado foi preparado para mostrar os planos de acção de melhoramento propostos. As realizações da implementação do fluxo de valor relatadas são a redução do tempo de execução, do tempo de ciclo e do nível de inventário. Concluiu-se que a empresa poderia reduzir o lead time de fabrico de 36,86 dias para 34,06 dias.

K. Venkataraman et. al [22] explicam a implementação de técnicas de fabrico enxuto no sistema de fabrico de virabrequins numa fábrica de fabrico de automóveis localizada no sul da Índia... Um modelo de tomada de decisão com critérios múltiplos, processo de hierarquia analítica é aplicado para analisar o processo de tomada de decisão no sistema de fabrico. Após a implementação do sistema de fabrico enxuto, o lead time de fabrico foi reduzido em quarenta por cento, os defeitos foram reduzidos, foi alcançada uma maior capacidade de processo, foi alcançada uma resposta rápida à procura do cliente em pequenos lotes.

Satish Tyagi et. al [23] estudo de caso de produto de turbina a gás foi discutido para ilustrar e justificar a utilização do quadro proposto para o conseguir, tendo sido realizado o seguinte Em primeiro lugar, foi desenvolvido um mapa de estado actual, utilizando o passeio Gemba. Além disso, peritos no assunto (PMEs) foram submetidos a uma tempestade cerebral para explorar os resíduos e as suas causas de origem encontrados durante o passeio Gemba e o mapa do estado actual. Um mapa de estado futuro é também desenvolvido com a remoção de todos os desperdícios/ineficiências. Para além de numerosos benefícios intangíveis, espera-se que o quadro VSM ajude as equipas de desenvolvimento a reduzir em 50% o lead time da DP.

S. Santosh Kumar et. al [24] utilizaram princípios de lean e equilíbrio de linha para reduzir o tempo de ciclo numa fábrica de montagem automóvel, que contém muitas actividades e trabalhos sem valor acrescentado. Estudaram o tempo de operação existente para a montagem, o balanceamento de linha para evitar o atraso da estação e a implementação de ferramentas lean, resultando num encurtamento do tempo de ciclo. Inicialmente, o tempo de ciclo da montagem total era de 90 min. e a eficiência da linha era de 17,5%. Após o balanceamento da linha, o tempo de ciclo foi reduzido para 37,5 min. e a eficiência aumentou até 30,09%.

A revisão bibliográfica mostra a redução de diferentes tipos de resíduos em diferentes indústrias. Isto é mostrado nos seguintes gráficos.

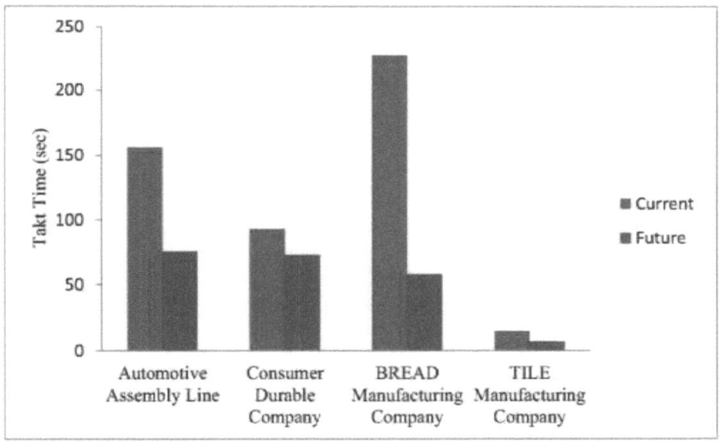

Fig. 2.2 Redução do tempo takt

O gráfico acima mostra a comparação do tempo takt em diferentes indústrias. É evidente que com a ajuda dos princípios lean se pode reduzir o tempo takt.

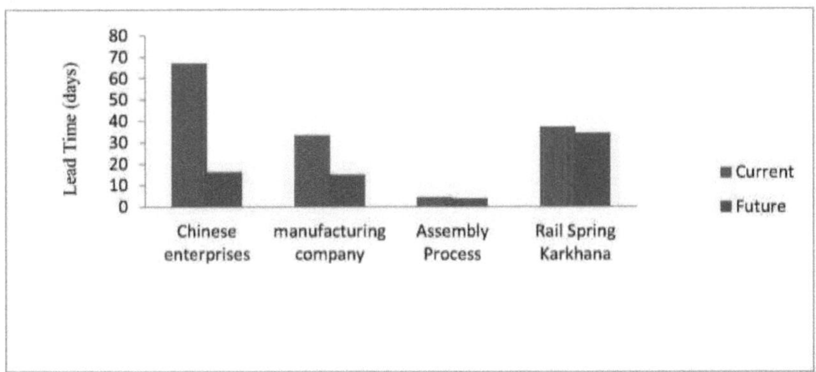

Fig. 2.3 Redução do lead time de produção

Da análise da literatura conclui-se que o sistema de fabrico enxuto é muito eficaz para uma empresa pela sua maior produtividade e eficiência. A partir do inquérito acima referido, o VSM encontrou como uma ferramenta eficaz e também sugere formas de reduzir os tempos sem valor acrescentado num processo de fabrico. A Tabela 2.1 mostra a redução de resíduos em diferentes indústrias.

Quadro 2.1

Redução de resíduos em diferentes tipos de indústrias

Company Name	Takt Time		Cycle Time		Inventory		Lead time	
	Current	Future	Current	Future	Current	Future	Current	Future
Chinese enterprises construction equipment company			106(min)	21.6	327,000	65,000	67 days 1300 (min)	16 800
Automative Component manufacturing					2200 (units)	200		
Automotive Assembly Line	156 sec	76			5	2	82 hrs	29
Automotive Industry			43 sec	22				
Gearbox manufacturing company			281.25 min	225			33.16 days	14.68
Consumer Durables Manufacturing Company	93 sec	73	634 sec	591				
Bread Manufacturing	227 sec	58						
Assembly Process							4.3 days	3.5
Prefabrication Shop			36 hrs	28.5				
Rail Spring Karkhana							36.86 days	34.06

2.1 Formulação do problema:

A formulação do problema para o trabalho de investigação gerado a partir da identificação do problema encontrado na Companhia TEI em Jaipur. A empresa enfrentava o problema com um maior trabalho em inventário de processo e maior tempo de produção e despacha o atraso da encomenda em 10 a 15 dias. Por isso, o problema prático tem sido a melhoria da taxa de produção.

Aqui, tempo de espera significa o tempo em que o processo de produção real começa até essa altura, quando as etiquetas acabadas estavam prontas para serem enviadas aos clientes.

A implementação de metodologias lean é essencial para que a empresa possa satisfazer as suas exigências competitivas e de clientes a longo prazo. Concluiu-se da revisão da literatura que os princípios e técnicas lean são uma ferramenta benéfica para a redução de resíduos, pelo que a análise do fluxo de valor é para a redução efectiva dos resíduos.

Capítulo 3

MAPEAMENTO DO FLUXO DE VALOR

Este capítulo descreve a ferramenta de Mapeamento de Fluxo de Valor, a sua importância e como criar mapas VSM.

A ferramenta Value Stream Mapping (VSM) mostra todas as actividades, desde o fornecimento até ao produto final, passando pelas diferentes etapas de processamento. Por outras palavras, é um esboço de uma linha de produção [14].

Um VSM mostra graficamente o seguinte:

- Cada processo ou actividade

- Inventário ou filas de espera entre etapas

- Tempos de preparação, tempo de ciclo, etc.

- Linha temporal para todo o fluxo de valores

- Fluxo de informação do cliente através do processo de produção

- Imagem de processos completos

- Alterações necessárias para serem implementadas

Mapa do fluxo de valores indica visualmente todas as etapas de processamento necessárias do início ao fim. Os diferentes passos encontrados no mapa do fluxo de valores são mostrados na figura

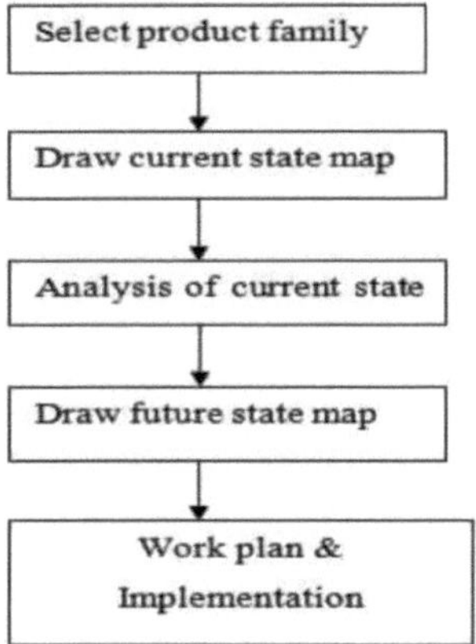

Fig. 3.1 Passos no mapeamento do fluxo de valores

3.1 Seleccionar família de produtos

As indústrias manufactureiras fabricam produtos em diferentes volumes e de forma flexível, de acordo com a procura do cliente. É necessário identificar uma família de produtos para o melhoramento. O mapa não deve ser desenhado para toda a operação ou múltiplas linhas de produção. O mapa desenha as etapas de processamento ao andar no chão de fábrica.

3.2 O Mapa de Estado actual

Mostra o ambiente de trabalho existente na empresa. Para o desenhar, é necessária informação completa sobre matéria-prima, encomenda de clientes, etc. Contém diferentes ícones. Alguns ícones representam as etapas de processamento na linha de produção, ou seja, máquinas, estações de montagem, inventários, etc. Caixa de dados do processo Fornecer informação sobre o tempo de ciclo, tempo de preparação, tempo de troca, tempo disponível, etc.

As linhas de informação ligam os ícones de fluxo de material e a unidade de controlo de produção. As linhas de informação representam o fluxo de informação.

A procura do cliente é o ponto-chave para desenhar o mapa. Existem diferentes fases para desenhar o mapa do estado actual que é apresentado abaixo.

I. Primeiro desenhar o detalhe do cliente no lado direito do papel. Inclui a procura do cliente, o número de turnos de trabalho, e outras informações gerais.

II. Desenhar um ícone de fornecedor que se ligue ao controlo de produção através do ícone de fluxo de informação que dá a informação sobre a encomenda e entrega de matéria-prima. Agora desenhar o ícone de processo para diferentes processos de acordo com a linha de produção e dar o detalhe numa caixa de dados. Entre os ícones de processo deve haver uma provisão para o inventário.

III. Finalmente, todos os ícones de processo estão ligados a linhas de informação. Finalmente, existe uma linha de tempo que mostra o tempo de processamento e de avanço para a família de produtos em particular. O mapa está agora completo.

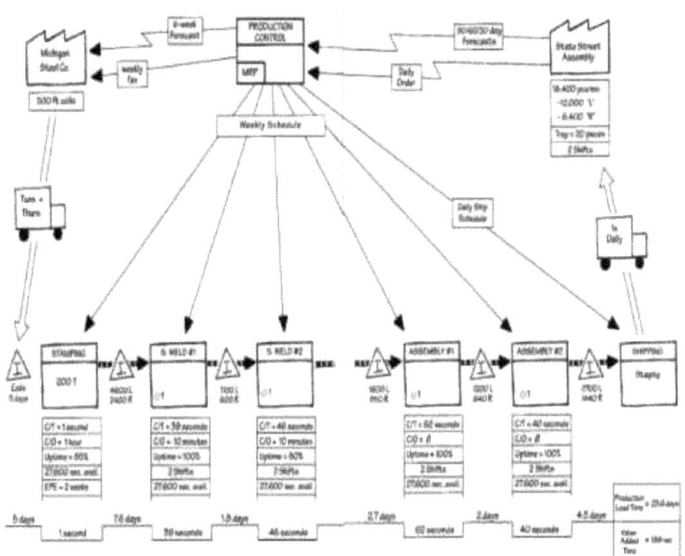

Fig. 3.2 Exemplo de mapa do estado actual [21]

3.3 Análise do mapa do estado actual:

Depois de desenhar o mapa, é necessária uma análise para encontrar os resíduos. Inclui:

- Identificar os possíveis resíduos
- Compreender a exigência do cliente
- Reconhecer as capacidades e restrições dos fornecedores
- Calcular o trabalho actual em processo
- Calcular o tempo de takt compará-lo com o tempo do ciclo

Agora as áreas devem ser identificadas e aplicar algumas ferramentas e técnicas magras para a melhoria.

O VSM atinge o utilizador para ver a actividade de produção completa num único papel.

3.4 O Desenvolvimento do Mapa do Estado do Futuro

Pode ser desenvolvido utilizando diferentes ferramentas de melhoramento mas requer força de vontade e determinação para ser implementado na organização. As duas etapas seguintes são propostas para aplicar o futuro mapa do estado na indústria.

3.4.1 Desenvolver Plano Director

As organizações têm de construir um mapa para as actividades propostas para melhoramento. Deve ser considerado como um projecto que inclua a formação dos trabalhadores. Não se trata de um plano de melhoramento pontual. Este tipo de actividade necessita de melhoria contínua.

3.4.2 Monitorização da Implementação

As empresas nomeiam o gestor como responsável pelo controlo. Ele implementa o futuro mapa do estado com a ajuda da direcção e dos trabalhadores. Ele deve desenvolver um sistema de relatório de progresso por pessoas responsáveis. Também inclui a monitorização do processo como reuniões de pessoal, reuniões diárias de produção, etc.

3.5 Plano de trabalho e implementação

As organizações devem assegurar que o plano de acção para a melhoria deve ser seguido na organização. O gestor encontrou lacunas e desenvolve sub-sistemas e implementa-os para alcançar o objectivo.

3.6 Terminologia de Mapeamento de Fluxo de Valor

* **Tempo Takt (T/T):** "Takt" é uma palavra alemã que significa tempo disponível para um produto em determinadas etapas para satisfazer a procura do cliente. O tempo Takt é determinado da seguinte forma

    ■ Takt time = Tempo de Produção Disponível / Procura do Cliente

* **Tempo de ciclo (C/T):** O tempo de ciclo é o tempo em que um processo aconteceu. O tempo de ciclo inclui o tempo de processo.
* **Lead Time (L/T):** É o tempo total entre a encomenda do cliente e a expedição do produto. Lead Time é a duração desde a encomenda do cliente até à entrega do produto final ao cliente.

    De acordo com a Lei de Little, a extensão do inventário revela muito sobre o Lead Time. A extensão do inventário, mais ou menos, corresponde ao tempo de inactividade e/ou de transporte.

Em termos gerais, o Lead Time consiste em tempos de operação e processamento, bem como em tempos de inactividade, transporte e preparação [25].

$$LT = \sum_i OT + PT + ST + \sum_j IR = \sum_i OT + PT + ST + \sum_j IT + TT$$

$$= LCT + \sum_j IT + TT$$

LT: Lead-Time (de um valor-stream específico)

OT: Tempo de funcionamento

PT: Tempo de processo

ST: Tempo de preparação

IT: Tempo de inactividade

TT: Tempo de transporte

RI: Gama de Inventário

LCT: Tempo de ciclo de linha

i: N° de processos

j: No. de diferentes inventários de trabalhos em curso.

- **Tempo de Valor Acrescentado (V/A):** É a soma de todo o tempo das actividades de valor acrescentado na linha de produção. É um trabalho real no chão de fábrica, pelo qual o cliente quer pagar.

- **Tempo sem Valor Acrescentado (NV/A):** É a soma de todo o tempo de actividades sem valor acrescentado na linha de produção. É uma actividade pela qual o cliente não quer pagar.

- **Mudança ao longo do tempo (C/O):** A mudança é o tempo em que o produto antigo muda por produto novo em qualquer etapa de processamento.

- **Número do operador:** O número de trabalhadores no processo.

- **Trabalho em curso:** Work in process (WIP) são os produtos parcialmente acabados que se encontram disponíveis em várias fases da linha de produção. O inventário de matérias-primas e produtos acabados não está incluído no WIP.

Capítulo 4

METODOLOGIA DE INVESTIGAÇÃO

O objectivo da investigação é reduzir o lead time de produção e o WIP, a fim de aumentar a taxa de produção na TEI Company, Jaipur, para que a procura de encomendas de clientes possa ser satisfeita. Em geral, tem visto que o processamento em lote e os estrangulamentos na linha de produção são factores chave em longos prazos de produção. Este capítulo aborda questões metodológicas e a recolha de dados necessários para este estudo.

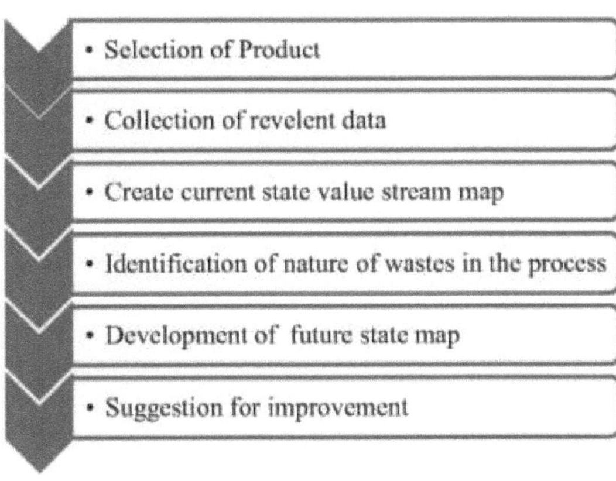

Fig. 4.1 Passos metodológicos para a implementação do mapeamento do fluxo de valores

As seguintes estratégias foram aplicadas para alcançar as etapas metodológicas:

- Detalhe do produto, processos e outras informações obtidas da empresa.

- Estudos de tempo para encontrar a duração do tempo & dados recolhidos a partir da observação do chão de fábrica.

- Para desenhar o mapa de valores de estado actual e futuro foi utilizado o software de desenho E.

4.1 Recolha de dados relevantes

Para criar os mapas do fluxo de valores do produto, é necessário obter os dados existentes. Para este efeito, foram recolhidas informações directamente da empresa através de conversas e discussões com gestores, proprietários, e supervisores de produção. Exemplo de tal informação é a procura do cliente, fluxo geral do processo, fornecimento de matéria-prima, etc.

4.2 Estudos do tempo

Foram realizados estudos de tempo para obter informações exactas sobre o tempo do ciclo, o tempo de mudança dentro de cada etapa de processamento. Os estudos de tempo deram o valor de tempo observado para processos individuais.

Os vários tempos foram registados para operações individuais utilizando um relógio de paragem. Estes tempos deram informações importantes, que foram utilizadas na realização de VSMs. O tempo médio de ciclo dizia como a operação actual está a correr bem em relação ao tempo TAKT. Para cada operação foi registado o número de operadores e de trabalhos em curso (inventário). O número de amostras para cada operação também teve de ser estabelecido.

4.2.1 Número de Observações

Geralmente, são necessárias mais amostras em operações cujos tempos variaram muito. A fim de minimizar o erro, as observações foram tomadas por um intervalo de tempo fixo de uma hora. Foi registado o número de componentes que passaram por determinado posto de trabalho numa hora e depois o tempo para um componente foi calculado. As observações foram repetidas por três vezes, uma vez que o número de repetições necessárias são três para o tempo superior a 40 minutos [26].

Há também uma fórmula matemática baseada na teoria estatística. Utilizando as características da curva normal, o número de observações a serem tomadas, N é dado por

$$N = \frac{B^2}{A^2}\left[\frac{\sqrt{n\sum X^2 - (\sum X)^2}}{\sum X}\right]^2$$

Onde B = 2 para 95 % de nível de confiança

= 3 para 99% de nível de confiança

A= 0,05, para ± 5% de precisão desejada e assim por diante para outros valores de níveis de precisão [26].

A fim de mostrar os tempos de ciclo e outras informações obtidas de uma forma significativa, os dados são retratados nos VSMs. Foi determinada a informação sobre o tempo de ciclo, o tempo de mudança, e o número de operadores envolvidos em cada etapa de processamento, a quantidade de inventário e o progresso do trabalho entre processos. Após a obtenção desta informação, foi desenhado um mapa actual com a utilização de software E-draw que mostra o material e o fluxo de informação. O tempo Takt foi calculado e comparado com o tempo médio do ciclo.

As diferentes áreas foram identificadas a partir do mapa de estado actual, que necessitava de ser melhorado. Posteriormente, o futuro mapa de estado foi desenvolvido, seguido de algumas sugestões. Foram sugeridas ferramentas e técnicas Lean para improvisar o material e o fluxo de informação.

E-draw max, versão 7 foi utilizada para desenhar todos os mapas de fluxo de valores. É utilizado para desenhar diferentes tipos de gráficos e mapas.

Capítulo 5

OBSERVAÇÃO E INTERPRETAÇÃO

5.1 Selecção do produto

São criados mapas de fluxo de valores para um único produto, ou uma família de produtos. Uma família é um grupo de produtos com roteiros semelhantes, tempos de processo semelhantes, e clientes com necessidades e taxas de procura semelhantes. "Similar" significa que embora possa haver alguma variação, é reconhecível que todos os membros do grupo têm um conjunto central de operações que são as mesmas. Os produtos podem variar por cor, tamanho, características menores, ou uma ou duas etapas no processo de produção.A indústria TEI tem uma grande variedade de produtos forjados, mas o estudo de investigação centrou-se numa família de produtos específica que tem um produto semelhante. Em primeiro lugar, o produto deve ser finalizado a partir das famílias de produtos que estão disponíveis na indústria. A matriz da família de produtos para a TEI é apresentada abaixo:

Name of Products	Processing steps									
	Cutting	Upsetting	Piercing	Ring Rolling	Annealing	Lathe machining	CNC Machining	Drilling	Threading	Inspection
UC – 208 I	*	*	*		*		*	*	*	*
UC-203 I	*	*	*		*		*	*	*	*
UC- 205 O	*	*	*		*		*	*	*	*
6657 - O	*	*	*		*		*	*	*	*
6308- B	*	*	*		*	*	*			*
6210-B	*	*	*		*	*	*			*
32210- TR	*	*	*	*	*		*			*
32211-TR	*	*	*	*	*		*			*

Fig. 5.1 Matriz da família de produtos para TEI

A Figura 5.1 mostra as diferentes famílias de produtos com as suas etapas de processamento. Agora a família de produtos seleccionada que tem etapas de processamento semelhantes. A família de produto seleccionada é destacada na caixa e o produto seleccionado para estudo de investigação é UC- 208 I.

Nome do produto - UC- 208 Inner (Usado em bloco de canalizador)

Fig. 5.2 Imagem do produto

A Figura 5.2 mostra a imagem do produto seleccionado para o estudo na TEI. Os diferentes processos utilizados para o produto são apresentados da seguinte forma.

- Corte de barras

- Perturbação

- Piercing

- Recozimento

- Usinagem CNC

- Perfuração

- Raspagem

- Inspecção e Embalagem

Fig. 5.3 Diagrama de fluxo do processo

A Figura 5.3 mostra a sequência do processo utilizado na confecção do produto. Mostra o movimento de material de um processo para outro. O primeiro processo é o corte de barras em que uma barra é cortada de comprimento apropriado. Agora, esta barra é alimentada para processos de forja depois desse processo de recozimento ser feito sobre ela. Após o recozimento, o produto vai para maquinagem CNC para acabamento e remoção de outro material e, em seguida, a perfuração e a roscagem efectuadas sobre a mesma como requisito. O último passo é a inspecção e embalagem.

5.2 Preparação do mapa do fluxo de valores do estado actual

Tem uma multiplicidade de utilizações e é geralmente criada para compreender o estado actual da empresa. Os mapas são desenhados em software de desenho electrónico. O nosso primeiro objectivo era criar um VSM de estado actual para a empresa. Os dados básicos de entrada para a criação do VSM são apresentados abaixo.

Quadro 5.1

Dados de entrada do mapa de fluxo de valores

Customer Order	5000 (one week)
Working Hours	Two shift with 12 hours per day
Break	One hour/shift
Supply of Raw Material	Weekly
Working Day/ Week	6 days

A tabela 5.1 mostra os dados básicos necessários para cartografar o mapa do estado actual. Inclui a quantidade de encomenda do cliente para o produto seleccionado, número de dias úteis na indústria, tempo de pausa durante o turno, horas de trabalho, etc. Esta informação é recolhida junto do director de produção da empresa. Há dois turnos de trabalho de 12 horas com 1 hora de pausa em cada turno. A matéria-prima é fornecida semanalmente, de acordo com os requisitos da indústria. A encomenda de produto UC-

208 pelo cliente é de 5000 unidades numa semana.

Quadro 5.2

Tempo de ciclo e trabalho em curso de diferentes processos

Processes	Avg. Cycle Time (sec)	WIP
Bar Cutting	10	0
Upsetting	7	0
Piercing	12	0
Annealing	130	2000
CNC Machining	105	1200
Drilling	65	880
Threading	35	790
Inspection & Packing	45	610

A tabela 5.2 mostra o tempo de ciclo e o inventário de trabalho em processo de diferentes etapas de processamento. No processo de recozimento, o tempo total do ciclo foi de 72 horas, mas houve um processamento em lote de 2000 unidades. Assim, o tempo de ciclo de um produto foi de 130 segundos. O inventário de trabalho em processo também foi calculado em cada etapa de processamento. As três primeiras etapas de processamento não têm inventário porque havia um único fluxo de peças.

Quadro 5.3

Detalhe do tempo de mudança de processos diferentes

Processes	Avg. Change Over Time (sec)	No. of Operator
Bar Cutting	15	1
Upsetting	12	1
Piercing	10	1
Annealing	7	2
CNC Machining	25	1
Drilling	20	1
Threading	25	1
Inspection & Packing	0	2

A tabela 5.3 mostra o tempo de transição e o número de operadores em cada etapa de processamento. O tempo de troca mostra a rapidez com que o produto mudou em determinado posto de trabalho. A tabela acima mostra claramente que a maquinagem CNC e a roscagem têm um tempo de troca mais elevado. O número de operadores também é identificado.

Finalmente os dados e informações recebidos dos quadros acima e discussão com as pessoas envolvidas, o VSM de estado actual foi desenhado mostrando o fluxo de material, fluxo de informação.

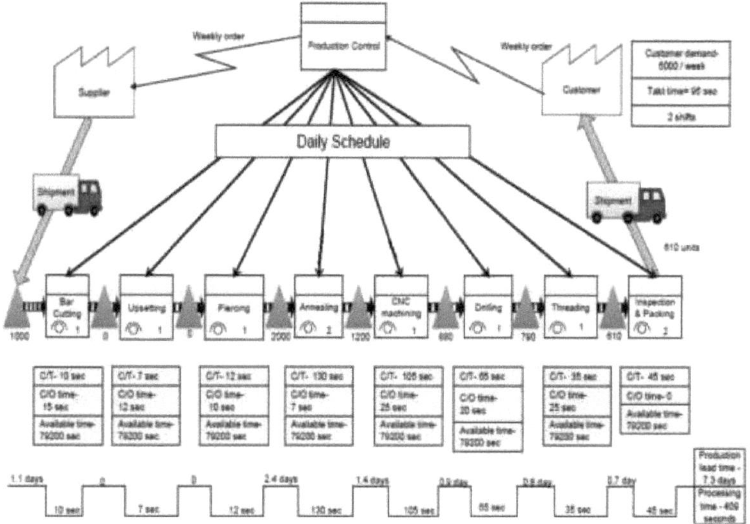

Fig. 5.4 Mapa do fluxo de valores do estado actual (feito pelo software E-Draw)

A Figura 5.4 mostra o desenvolvimento do mapa de estado actual da indústria TEI. Dá uma representação pictórica de todas as actividades realizadas no chão de fábrica para analisar e identificar as áreas de melhoramento.

5.3 Análise do mapa do fluxo de valores do estado actual

O mapa actual tem controlo de produção é o ponto central de toda a informação. Em primeiro lugar, o serviço ao cliente relativo à encomenda mensal é levado pela empresa e informado ao controlo de produção. Os seguintes passos são utilizados para analisar o mapa de estado actual

5.3.1 Identificação de Actividades sem Valor Acrescentado

O tempo de valor acrescentado real é de 409 segundos e o lead time é de 7,3 dias, pelo que é evidente que a relação entre o tempo de valor acrescentado e o lead time de produção é muito menor.

Há variações no fluxo de matéria-prima porque o fornecimento de matéria-prima continua, uma vez que existem muitas outras famílias de produtos, o que resulta em excesso de inventário. O seu armazenamento depende do espaço disponível porque não há espaço adequado disponível para a matéria-prima. Isto resulta num tempo desnecessário para encontrar o material.

Há um desperdício de transporte desde a maquinagem CNC até ao processo de perfuração, demora em média 3 minutos. A maquinação CNC é feita no rés-do-chão enquanto a perfuração e a roscagem são feitas no primeiro andar, o que leva a aumentar o tempo desnecessário entre os processos. No posto de trabalho de maquinação CNC, acumula-se um valor WIP de 1,4 dias devido à baixa capacidade do forno.

5.3.2 Cálculo do tempo Takt

O objectivo deste cálculo é identificar os processos de engarrafamento na linha de fabrico e o quanto é necessário melhorar para cumprir o tempo takt.

Tempo disponível por dia = 12+12 horas (2 turnos) = 86400 segundos

Tempo de inactividade por turno (almoço, chá e outros) = 1 hora = 3600+3600 segundos

= (7200 segundos)

Tempo líquido disponível para produção = 86400-7200=79200 segundos

Procura semanal = 5000 unidades

Dia útil disponível numa semana = 6 dias

Procura por dia = 5000/6=833 unidades

TAKT Time= Tempo líquido disponível por dia / Procura do cliente por dia

=79200/833=95 segundos

Agora o tempo takt calculado é comparado com o tempo de ciclo de cada um dos processos. O tempo de ciclo mais elevado indica que existe um estrangulamento no processo.

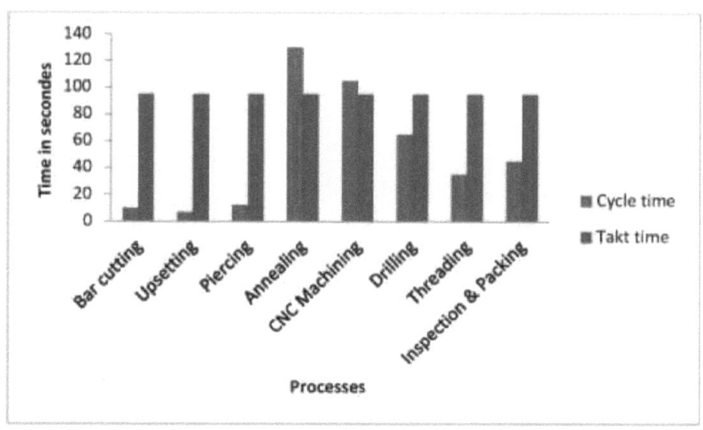

Fig. 5.5 Comparação entre o tempo de ciclo e o tempo takt

É compreensível a partir do gráfico acima que os processos de recozimento e usinagem CNC tenham um tempo de ciclo mais elevado em comparação com o tempo takt. Por isso, é necessário um foco especial nestes processos para melhorar.

O mapa actual mostra que o inventário no recozimento e maquinação CNC tem o nível máximo. Precisa de ser reduzido. Houve uma produção em lote entre o recozimento e os processos de maquinação CNC. Agora o inventário disponível em cada etapa de processamento era convertido em dias, dividindo a procura do cliente por dia, como por encomenda.

5.3.3 Número de Posto de Trabalho Necessário

Tempo de ciclo de linha (LCT) =sum de todos os tempos de ciclo

=10+7+12+130+105+65+35+45=409 sec.

$$\text{Número de postos de trabalho necessários} = \text{Tempo LCT} / \text{TAKT}$$

$$= 409/95 = 4.3$$

Do acima exposto, é evidente que cerca de 5 postos de trabalho irão tratar de todas as actividades de produção.

Após análise da figura 5.4 que mostra as condições actuais de trabalho do chão de fábrica, são encontradas as seguintes áreas que necessitam de melhoramento.

1.   Maior tempo de produção e trabalho em processo: Como mostrado no mapa de estado actual, o prazo total de produção foi de 7,3 dias, o que é maior porque a procura dos clientes foi de 5000 unidades numa semana. Havia um inventário extra de trabalho em processo entre os tipos de processamento.

2.   Armazenamento de matéria-prima: Do mapa de estado actual e da discussão com o gestor, é evidente que não houve espaço atribuído para o armazenamento de matérias-primas.

3.   Resíduos de transporte da maquinagem CNC para a operação de furação: Como maquinação CNC feita no rés-do-chão e furação no primeiro andar.

4.   No processo de recozimento o forno é um engarrafamento: Após a comparação do tempo Takt com o tempo de ciclo, o processo de recozimento tem um tempo de ciclo mais elevado em comparação com outros. Assim, o forno utilizado no processo de recozimento tem um engarrafamento em relação a outros processos.

5.   Número de postos de trabalho: De acordo com a duração total do ciclo, o número de postos de trabalho necessários é de 5, mas no mapa de estado actual, existiam 8 postos de trabalho.

5.4   Desenvolvimento do Mapa do Estado do Futuro

Agora o futuro mapa do estado tem de desenhar utilizando técnicas de sumo lean para a melhoria necessária e dar algumas sugestões no actual ambiente de trabalho da empresa.

Um armazém é introduzido no futuro mapa para o armazenamento de matéria-prima, mais cedo não existe um local adequado para o armazenamento de matéria-prima. Um armazém com disposição adequada é suficiente para o armazenamento porque o fornecimento de matéria-prima é semanal e há um processo de produção contínuo desde a matéria-prima até aos componentes acabados. Agora o inventário do trabalho em processo de um dia está lá no início do posto de trabalho.

5.4.1 Célula de trabalho

Como resulta claro da análise do mapa de estado actual, há necessidade de 5 postos de trabalho para um fácil fluxo de trabalho. No mapa de estados futuro, o total de postos de trabalho é de 5. Os três primeiros processos combinam e fazem uma célula de trabalho. O número de operadores é reduzido a dois nesta estação de trabalho porque todas as operações podem ser realizadas numa única máquina com fixação diferente ou é aconselhável utilizar a técnica SMED (Single-Minute Exchange of Dies). O SMED proporciona uma forma rápida e eficiente de mudar a configuração da máquina num processo de fabrico de um produto para outro e reduziu o tempo de troca. Agora, o tempo de troca desta célula é reduzido para 15 segundos. A figura 5.6 mostra a nova disposição da estação de trabalho.

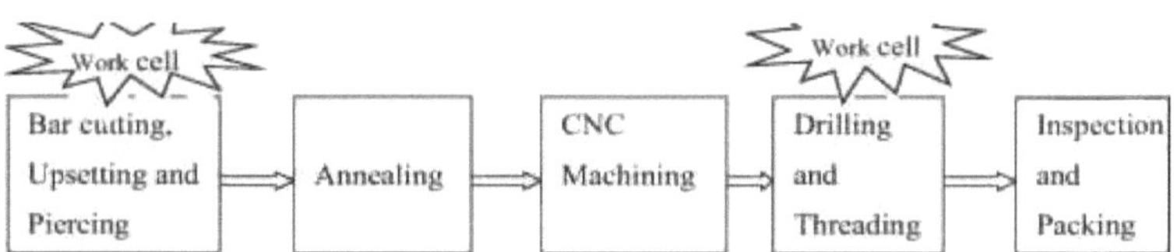

Fig. 5.6 Concepção modificada dos postos de trabalho

O supermercado é utilizado após a primeira estação de trabalho para o armazenamento do WIP para as outras etapas de processamento. Contém um dia de inventário que reduz o WIP excessivo na estação de trabalho de recozimento. Supermercado é um "supermercado" de inventário que contém algum inventário disponível aos clientes a jusante, permitindo-lhes seleccionar o que precisam. É também utilizado o kanban de produção que dá a informação de armazenamento à célula de trabalho (Corte de barras, Upsetting, Piercing) para a manutenção do WIP no supermercado. Um símbolo de tracção física é também utilizado para mostrar o WIP para o processo de recozimento é a tracção do supermercado.

Agora no posto de trabalho de recozimento, a fornalha está engarrafada no processo porque tem um tempo de ciclo mais elevado em comparação com o tempo de takt. A solução proposta é aumentar a capacidade do forno de modo a que o tamanho do lote aumente para o dobro para cumprir o tempo takt. A segunda solução é aumentar ao máximo a quantidade de produtos no forno existente (o dobro), utilizando alguma vareta metálica na qual o componente pode ser mantido a uma quantidade maior. Se a capacidade do forno aumentar para o dobro, então o tempo de ciclo reduzido para metade significa 65 segundos.

Posto de trabalho de maquinagem CNC, propõe-se ter mais uma máquina CNC paralela a outra. O WIP na maquinação CNC foi reduzido para 600 unidades, que era de 1200 unidades no mapa de estado actual. Depois disso, existe outra célula de trabalho que combina o processo de furação e roscagem numa máquina com acessórios especiais. O tempo total de ciclo da célula de trabalho será a soma do tempo de ciclo de processos individuais. O número de operadores irá reduzir nesta célula de trabalho para um. O WIP nesta estação de trabalho será considerado X, então

$$\frac{\text{Cycle time of CNC machining}}{\text{WIP at CNC machining}} = \frac{\text{Cycle time of Drilling and Threading work cell}}{X}$$

$$\frac{105}{600} = \frac{100}{X}$$

$$X = 60000/\ 105 = 571 \text{ units}$$

Este é um inventário de uma máquina CNC, mas existe outra máquina CNC proposta, pelo que o WIP total na célula de trabalho de Perfuração será duas vezes de 571 unidades, o que significa 1142 unidades.

No último posto de trabalho, ou seja, Inspecção e Embalagem, o número de operadores aumentou para três, o que reduziu um terço do PPI na Inspecção e Embalagem. Finalmente, após consideração de todas as sugestões e melhorias, propõe-se o seguinte mapa do fluxo de valores do estado futuro para a TEI

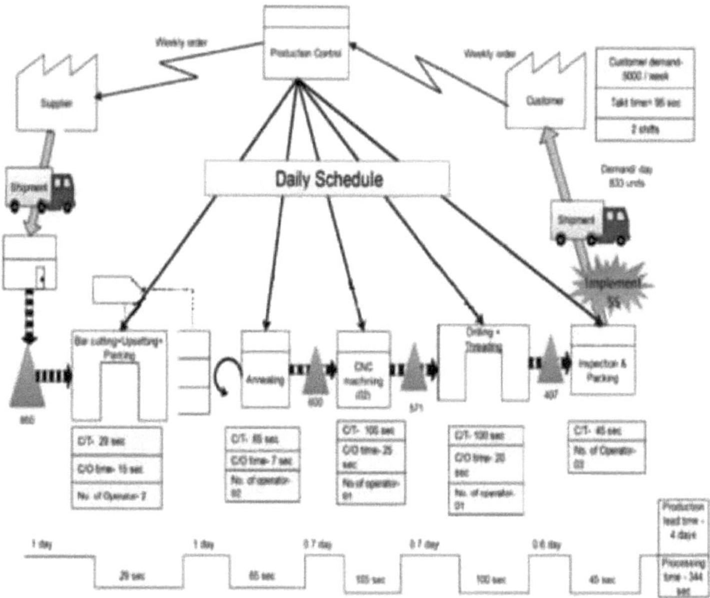

Fig. 5.7 Mapa de estado do valor de estado futuro

A Figura 5.7 mostra claramente que o tempo de produção é de 4 dias e é muito reduzido em comparação com o tempo anterior. O tempo total de valor acrescentado ou tempo de processamento também será reduzido para 344 segundos.

5.4.2 Layout da loja

No layout existente do chão de fábrica, algumas operações são executadas no rés-do-chão e outras no primeiro andar, o que resulta num desperdício desnecessário de recursos de transporte, que é uma actividade sem valor acrescentado. Assim, recomenda-se alguma modificação no layout do chão de fábrica para melhorar a linha de produção.

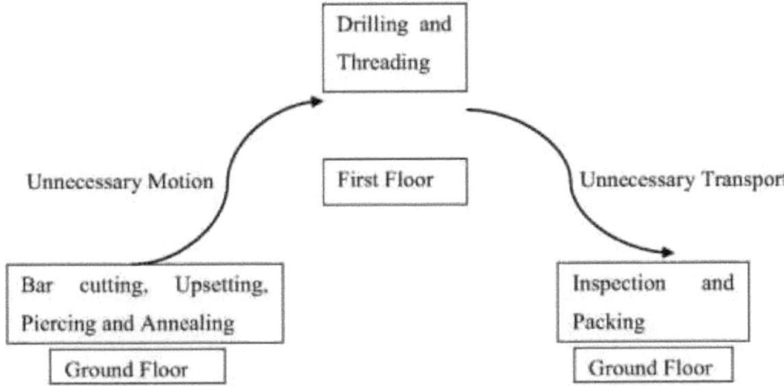

Fig. 5.8 Planta existente do chão de fábrica na TEI

A Figura 5.8 mostra a disposição actual do piso na indústria. O layout do chão de fábrica existente não era sistemático ou arranjado. Os trabalhadores têm movimento e transporte desnecessários devido a uma disposição irregular. A área de maquinagem CNC estava muito congestionada porque havia artigos desnecessários no chão de fábrica.

Propõe-se à TEI que, se todas as etapas de processamento feitas no rés-do-chão com layout modificado, então os resíduos podem ser minimizados. Pode reduzir o inventário do trabalho em processo porque a célula de trabalho é configurada para proporcionar um fluxo equilibrado de máquina para máquina.

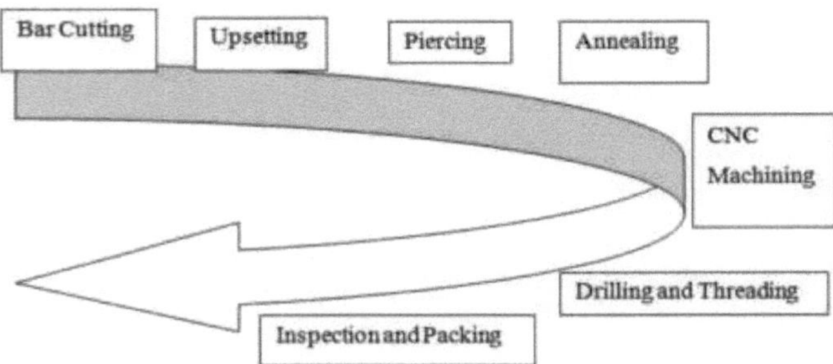

Fig. 5.9 Modificação do layout do chão de fábrica (Rés-do-chão)

A disposição modificada mostrada na figura 5.9 aumenta a utilização de equipamento e maquinaria, devido a uma melhor programação e a um fluxo de material mais rápido.

Outra técnica enxuta 5S pode ser implementada na TEI que resulta em limpeza e utilização adequada do chão de fábrica. É necessário seguir rigorosamente o princípio do 5S no TEI. A consciência sobre a importância do espaço e da limpeza do chão de fábrica tem sido feita entre os trabalhadores. Algumas melhorias nas áreas de chão-de-fábrica apresentadas na figura abaixo:

Fig. 5.10 Inventário antes de implementar a técnica 5S

A Figura 5.10 mostra um inventário de trabalho em processo na fase final que cobre um espaço desnecessário devido a um armazenamento irregular. Há muitos exemplos na indústria em que os trabalhadores podem melhorar o espaço no chão e as condições de trabalho.

Fig. 5.11 Inventário após implementação da técnica 5S

A figura 5.11 mostra o armazenamento de produtos acabados na fase final, que cobre menos após a aplicação da técnica 5S na TEI.

Capítulo 6

RESULTADOS DO MAPEAMENTO DO FLUXO DE VALORES

Este capítulo trata da melhoria feita com a ajuda do futuro mapa do estado. Um estudo comparativo mostra que a redução significativa ocorre no WIP e no Lead Time de Produção. A técnica de mapeamento do fluxo de valores foi utilizada para desenhar mapas e depois de aplicar algumas ferramentas e dar algumas sugestões para o produto. Os resultados do mapeamento do fluxo de valores mostram...

6.1 Redução no Trabalho em Processo

O mapa actual mostrava claramente que existia um inventário excessivo que causava um lead time de produção mais longo.

Quadro 6.1

Redução do Trabalho em Processo de Diferentes Processos

Processes	WIP in Current map	WIP in Future map	% Reduction
Annealing	2000	610	69.7 %
CNC Machining	1200	600	50 %
Drilling & Threading	1670	1142	31.6 %
Inspection & Packing	610	407	33.2 %

A tabela 6.1 mostra a redução no WIP entre diferentes estações de trabalho. Pode-se notar que o WIP reduzido em cada estação de trabalho. No processo de recozimento, o WIP reduziu até 69,7 %. Isto é feito através do aumento da capacidade do forno de recozimento. No processo de maquinagem CNC, o WIP reduziu até 50%. Uma máquina CNC extra é adicionada a esta estação de trabalho. Existe uma célula de trabalho de Perfuração e Roscagem que resulta na redução do PPI até 31,6%. Finalmente, no posto de trabalho de Inspecção e Embalagem é acrescentado um trabalhador extra, de modo que o PPI é reduzido para 33,2%.

6.2 Redução do lead time de produção

Na indústria, a redução do Lead Time de Produção é uma parte importante da produção. A TEI tem um Lead Time de Produção mais longo, o que provoca o atraso do transporte marítimo. As razões para um Lead Time de Produção mais elevado encontram-se na análise do fluxo de valores do estado actual e na melhoria mostrada no mapa do estado futuro. O tempo total de processamento é também reduzido.

Quadro 6.2

Redução do lead time de produção

Time	Current state map	Future state map	% reduction
Production Lead Time	7.3 days	4 days	45.2 %
Total Processing Time	409 seconds	344 seconds	15.9 %

A tabela 6.2 dá o detalhe sobre o Lead Time de Produção, que é de 7,3 dias no mapa actual. É reduzido para 4 dias através da redução dos resíduos utilizando os princípios de lean. Neste estudo, ocorreu uma redução de 45,2% no mapa de estado futuro. Agora, o tempo total de processamento no mapa de estado actual foi de 409 segundos. É também reduzido para 344 segundos no mapa de estados futuro, através do equilíbrio da linha de produção. A redução total no tempo de processamento é de 15,9%.

6.3 Sugestões:-

A análise do mapeamento do fluxo de valores na TEI fornece as áreas que têm diferentes tipos de resíduos e que necessitam de muitas melhorias. Assim, as seguintes sugestões são aconselhadas à TEI relativamente à melhoria das actividades do chão de fábrica.

I. Como mostra a figura 5.4 do mapa de estado actual, não havia local adequado para o armazenamento da matéria-prima. Um armazém pode ser introduzido no futuro mapa de estado para aí ser armazenado. Melhora o manuseamento da matéria-prima e o inventário ao nível da entrada.

II. Como mostra o mapa de estado actual figura 5.4, a operação de perfuração e roscagem realizada no primeiro andar e outras operações realizadas no rés-do-chão, o que resulta em movimentos desnecessários dos trabalhadores e inventário. Assim, é aconselhável à TEI que todas as operações possam ser realizadas no rés-do-chão, como mostra a figura 5.6.

III. Havia um elevado nível de inventário entre as estações de trabalho no actual estado do mapa. Para um fácil fluxo de trabalho no inventário de processos, o supermercado pode ser utilizado entre os processos, o que é mostrado na fig. 5.7. O resultado é um sistema de puxar na linha de produção.

IV. A disposição adequada do espaço de trabalho não estava presente na TEI. Não havia espaço livre para o produto acabado ou produto de expedição no final. A direcção sugeriu que a técnica 5S lean pode ser utilizada para melhorar o ambiente de trabalho e o chão de fábrica, como mostrado na fig. 5.10 e fig. 5.11.

Capítulo 7

CONCLUSÃO E ÂMBITO FUTURO DOS TRABALHOS

Neste trabalho de investigação, foi realizada uma análise de mapeamento do fluxo de valores na TEI, Jaipur para encontrar os diferentes tipos de resíduos. O foco principal foi o WIP e o Lead Time de Produção que a empresa pretende reduzir. Este capítulo conclui o significado do mapeamento do fluxo de valores e mostra a redução de outros tipos de resíduos.

7.1 Conclusão

Este estudo de investigação descreve como o mapeamento de valores pode ser utilizado para identificar graficamente os resíduos na linha de produção na TEI. Com esta abordagem (VSM), os resíduos na empresa podem ser reduzidos.

Pode concluir-se que o estudo VSM foi capaz de destacar uma série de actividades desnecessárias no processo de fabrico de componentes de rolamentos. Estas actividades têm sido ligadas a resíduos como o WIP, armazenamento e lead time de produção mais longo, etc.

É possível reduzir o actual Lead Time de Produção em 48 % entre o início do produto e o produto final. Quanto mais trabalho em curso (WIP) houver, mais longo será o Lead Time de Produção. O mapeamento do fluxo de valor provou ser uma forma eficaz de analisar o estado actual de produção de uma empresa e apontar áreas problemáticas. A natureza visual do mapeamento do fluxo de valor, ao combinar informação e fluxo de material num único mapa, retrata como os dois se relacionam com o Lead Time de Produção.

A organização deveria ter compreendido o princípio de lean, técnicas e funções. A formação de todo o pessoal da empresa deve estar presente para a execução bem sucedida das ferramentas lean na sua organização.

Este estudo sobre o Value Stream Mapping mostra que é uma ferramenta de produção enxuta muito útil para as empresas poderem ver visualmente como todo o processo de produção funcionou, bem como ver como funcionaram os processos individuais. Ao sermos capazes de combinar informação e material num mapa, isto permitiu-nos ver onde estavam as grandes questões em relação ao Lead Time de Produção. É então possível analisar as grandes questões e fazer recomendações para remediar estes problemas.

A medida do sucesso do mapeamento do fluxo de valores nesta investigação foi abordada sobre como se poderia reduzir os resíduos identificados através do mapeamento do fluxo de valores. Os resultados indicam que a TEI deve incorporar o kanban de produção, o sistema pull e o supermercado sempre que possível, de acordo com a satisfação do cliente.

Finalmente, pode concluir-se que o VSM pode ser utilizado para encontrar as fontes de resíduos. É um processo contínuo até que o mapa futuro se torne o mapa actual.

7.2 Âmbito futuro do trabalho

A técnica de mapeamento do fluxo de valores foi utilizada neste trabalho de investigação. A investigação foi levada a cabo sobre a componente de suporte de bloco de canalizador na TEI, Jaipur. Existem muitas outras famílias de produtos na empresa, pelo que o mapa do fluxo de valores pode ser desenhado para outras famílias de produtos. Pode haver outros tipos de resíduos como defeitos de produtos, avarias de máquinas, inventário geral, etc., que requerem um estudo mais aprofundado.

Existem muitas ferramentas lean que podem ser utilizadas para melhorias como Kaizen, Just in Time, Manutenção Preventiva Total, e Tecnologia de Grupo, etc. Este estudo centrou-se apenas em algumas das ferramentas e técnicas 'lean'. É possível reduzir ainda mais outros desperdícios, mesmo implementando outras ferramentas e técnicas 'lean' aplicáveis a várias situações.

REFERÊNCIAS

[1] F. R. Jacobs, R. B. Chase, e N. J. Aquilana, *Operações e gestão de abastecimento,* 12ª ed. Nova Iorque: McGraw-Hill Irwin, 2009.

[2] http://www.leanmanufacturingconcepts.com

[3] J. P. Womack, D. T. Jones, e D. Ross, *A máquina que mudou o mundo.* Nova Iorque: Harper Collins Publishers, 1991.

[4] D. P. Hobbs, *Lean manufacturing implementation: um manual de execução completo para qualquer fabricante de qualquer tamanho.* Boca Raton: J. Ross Publishing, 2004.

[5] A. K. Sahoo, N. K. Singh, R. Shankar, e M. K. Tiwari, "Lean philosophy: implementation in a forging company", *Int J Adv Adv Adv. Manuf Technol,* vol. 36, no. 5-6, pp. 451-462, 2008.

[6] F. Farhana e A. Amir, "Lean Production Practice: the Differences and Similarities in performance between the companies of Bangladesh and other Countries of the World", *Asian Journal of Business Management,* vol. 1, pp. 32-36, 2009.

[7] D. Rajenthirakumar, P. V. Mohanram e H. G. Harikarthik "Process Cycle Efficiency Improvement Through Lean: A Case Study", *International Journal of Lean Thinking,* vol 2, pp 46-58, 2011.

[8] J. P. Womack e D. T. Jones, *Lean thinking: banir o desperdício e criar riqueza na sua empresa.* Nova Iorque: Simon & Schuster, 1996.

[9] C. Grewal, "Uma iniciativa para implementar o lean manufacturing utilizando o mapeamento do fluxo de valor numa pequena empresa," *Int. J. Manufacturing technology and management,* pp. 55-61, 2006.

[10] T. Ohno, *O sistema de produção da Toyota: Para além da produção em grande escala,* I ed. Productivity Press, 1988.

[11] M. Rother e J. Shook, *aprendendo a ver: Value stream mapping to add value and eliminate muda,* 2ª ed. Brookline, MA: The Lean Enterprise Institute Inc, 1999.

[12] D. W. Halpin e M. Kueckmann, "Lean Construction & Simulation," in *Proceedings of the Winter Simulation Conference,* 2001, pp. 131-139.

[13] R. M. Chitturi, D. J. Glew, e A. Paulls, "Value stream mapping in a jobshop", in *International Conference on Agile Manufacturing,* Durham, UK, 2007, pp. 142-147.

[14] M. Bo e M. Dong, "Research on the Lean Process Reengineering Based on Value Stream Mapping", *Management Science and Engineering,* pp. 103-106, 2012.

[15] D. Rajenthirakumar e P.R. Thyla, "Transformation to Lean Manufacturing By an Automative Component Manufacturing Company", *International Journal of Lean Thinking,* vol 2, pp 1-13, 2011.

[16] K. P. Paranitharan, M. Shabeena Begam, S. Abuthakeer e M.V. Shuba, "Redesinging an Automotive Assembly Line Through Lean Strategy", *International Journal of Lean thinking,* vol 2, pp 1- 14, 2011.

[17] R.M. Belokar, Vikas kumar e S. S. kharab, " An Application of Value Stream Mapping In Automotive Industry: A Case Study", *International Journal of Innovative Technology and Exploring Engineering,* vol 1, pp 152- 157, 2012.

[18] D. Rajendrakumar, P. R. Thyla, e A. John Paul, "Implementation of Lean Assembly Line": A Case Study", *International Journal of Engineering,* vol 3, pp 271276, 2010.

[19] S. M. M. William M. Goriwondo, "Utilização da Ferramenta de Mapeamento do Fluxo de Valor para a Redução de Resíduos no Fabrico". Case Study for Bread Manufacturing in Zimbabwe", *International Conference on Industrial Engineering and Operations Management Kuala Lumpur, Malaysia,* pp 236-241, 2011.

[20] M. Rumbidzayi, C. Maware, C. Simon, e M. Caspah, "Application of Lean Value Streamping Mapping to Reduce Waste and Improve Productivity: A Case of Tile Manufacturing Company", *International Journal of Application or Innovation in Engineering & Management,* vol 2, pp 214- 219, 2013.

[21]Renu Yadav, Ashish Shastri e Mithlesh Rathode, "Increasing Productivity by Reducing Manufacturing Lead Time through Value Stream Mapping.", *International Journal of Mechanical and Industrial Engineering,* vol 1, pp 31-35, 2012.

[22]K. Venkataraman, B.Vijaya Ramnath, V.Muthu Kumar e C.Elanchezhian, "Application of Value Stream Mapping for Reduction of Cycle Time in a Machining Process," *3rd International Conference on Materials Processing and Characterisation, Procedia Materials Science* , 6 , pp. 1187 - 1196, 2014

[23]Satish Tyagi, Alok Choudhary, Xianming Cai e KaiYang, "Value stream mapping to reduce the lead-time of a product development process", *Int. J. Production Economics,* 160, pp. 202-212, 2015

[24]S. Santosh Kumar e M. Pradeep Kumar, "Cycle time reduction of a truck body assembly in an automobile industry by lean principles", *International Conference on advances in manufacturing and material enginering, Procedia material science,* 5 pp. 1853- 1862, 2014.

[25]P. Kuhlang, T. Edtmay, e W. Sihn, "Methodical approach to increase productivity and reduce lead time in assembly and production-logistic processes", *CIRP Journal of Manufacturing Science and Technology,* vol. 132, pp. 1-9, 2011.

[26]O.P. Khanna, "Work Study (Time and Motion Study)", publicações Dhanpat rai, 2003.

Lista de Publicações

1. Praveen Saraswat, Manoj Kumar Sain e Deepak Kumar, "A Review on Waste Reduction through Value Stream Mapping Analysis", *International Journal of Research,* vol 1 (6), pp 200-207, Julho de 2014.

2. Praveen Saraswat e Deepak Kumar, "Application of Value Stream Mapping Tool to Reduce Wastes in Bearing Industry", *International Journal of Recent advances in Mechanical Engineering,* vol 3 (4), pp 97-103, Novembro de 2014.

3. Praveen Saraswat, Deepak Kumar e Manoj Kumar Sain, "Reduction of Work in Process Inventory and Production Lead Time in a Bearing Industry Using Value Stream Mapping Tool", *International Journal of Managing Value and Supply Chains,* vol. 6 (2), pp 27-35, Junho, 2015.

APÊNDICE- I

Ícones do mapa do fluxo de valores...

Icon	Name	Description
	Customer/Supplier	This icon represents the supplier and the customer according to the position of it.
	Process	This icon is a process box with operator. It may represent a process, operation, department, or other activity involved in material flows.
	Production Control	This icon is a process box; an area where value can be added to a product. The process or activity name is listed in the top bar, and the department or function name in the center area
	Data Table	This data box has information required for analyzing the system. It typically includes Cycle Time (Process Time, Production Lead Time), Changeover Time, and other processing information.
	Production Kanban	This is a visual signal representing a trigger of production of a specific number of parts.
	Physical Pull	This is a withdrawal of materials from a supermarket.

	Shipment Truck	This represents shipments using external transport from a supplier. It may be labeled with the frequency of shipment.
	Inventory	This is a material Queue of products that are not being processed. It represents storage of raw materials as well as finished goods. The time period may be listed below the icon.
	Supermarket	This is an inventory "supermarket" that contains some inventory available to downstream customers enabling them to select what they need. The next process or customer would pull from this inventory.
	Push Arrow	This icon represents a push of information or material from one process to another.
	Operator	This is the symbol for a worker. It is added to a process box to indicate a worker completes some or all of the process tasks.
	Kaizen Burst	This shows improvement required at a specific process.
	Manual Information	This arrow indicates manual flow of information.
	Electronic Information	This shape represents electronic flow of information.

	Pull Arrow 2	This indicates that a customer or process pulls from a previous process.
	Timeline Segment	A timeline segment shows cycle time and waiting time of individual processes.
	Timeline Total	This represents the end of a timeline. It shows total lead time in upper block and actual processing time in lower block.

Buy your books fast and straightforward online - at one of world's fastest growing online book stores! Environmentally sound due to Print-on-Demand technologies.

Buy your books online at
www.morebooks.shop

Compre os seus livros mais rápido e diretamente na internet, em uma das livrarias on-line com o maior crescimento no mundo! Produção que protege o meio ambiente através das tecnologias de impressão sob demanda.

Compre os seus livros on-line em
www.morebooks.shop

Printed by Books on Demand GmbH, Norderstedt / Germany